U0302346

著作权合同登记：图字 01-2022-4158 号

Michel Francesconi, illustrated by Capucine Mazille
Comme des marmottes
©2012 Les Editions du Ricochet
Simplified Chinese copyright © Shanghai 99 Culture Consulting Co., Ltd. 2015
ALL RIGHTS RESERVED

图书在版编目（CIP）数据

冬眠的动物 / (法) 米夏尔·弗兰科尼著；(荷) 卡
普辛·马泽尔绘；侯礼颖译. -- 北京：人民文学出版
社, 2023（2024.4重印）
　（万物的秘密. 生命）
　ISBN 978-7-02-017997-8

　Ⅰ. ①冬… Ⅱ. ①米… ②卡… ③侯… Ⅲ. ①动物 –
冬眠 – 儿童读物 Ⅳ. ①Q958.117-49

中国版本图书馆CIP数据核字(2023)第083678号

责任编辑　李　娜　　杨　芹
装帧设计　汪佳诗

出版发行　人民文学出版社
社　　址　北京市朝内大街166号
邮政编码　100705

印　　制　山东新华印务有限公司
经　　销　全国新华书店等

字　　数　3千字
开　　本　850毫米×1186毫米　1/16
印　　张　2.5
版　　次　2023年6月北京第1版
印　　次　2024年4月第2次印刷

书　　号　978-7-02-017997-8
定　　价　35.00元

如有印装质量问题，请与本社图书销售中心调换。电话：010-65233595

|万物的秘密·生命|

冬眠的动物

〔法〕米夏尔·弗兰科尼 著

〔荷〕卡普辛·马泽尔 绘

侯礼颖 译

人民文学出版社

PEOPLE'S LITERATURE PUBLISHING HOUSE

大自然的动物按照四季的变化生活。

当冬季来临，天寒地冻，大雪纷飞，
有的动物因无法觅食，失去了在恶劣天气里的生存希望。
还有许多鸟类会飞往更温暖的地区过冬。

红松鼠

豆雁

獾

榛睡鼠

一些陆地上的动物将进入冬眠状态。

这是它们适应冬季的方式。

它们的生活习性即将发生巨大的变化，

身体的工作方式也将与夏季时大不相同。

活着，就要消耗能量，而能量主要依靠食物供给。

但到了冬天，食物没有了，

动物们的身体就得降低对能量的需求，

于是各种活动减少了。

总之，对于土拨鼠、松鼠、刺猬、蝙蝠、睡鼠、山鼠和条纹臭鼬，

以及其他的冬眠动物而言，

这是另一种生活的开始。

条纹臭鼬

由于冬眠动物没法储存足够吃几个月的食物，
所以它们只能在身体内部进行储存。

整个夏天，土拨鼠都在不停地、不停地吃……
榛子、植物种子、蜗牛……于是它们越来越胖，越来越胖！
想象一下，这就好比两个月内，一个人从70公斤胖到了140公斤！

土拨鼠

冬眠动物狼吞虎咽地吃，它们懂得提前计划的重要性。

早在初雪降临之前，它们就开始布置冬眠的巢穴。

冬天一到，一切都准备好了。

土拨鼠钻进挖好的地下巢穴，巢穴里铺满了稻草。

刺猬将树叶与小树枝堆成一堆，躲到底下消失了。

地松鼠一溜烟地钻进树洞里。

万物归巢！寒冬来袭！

刺猬

要节省赖以生存的能量，首先得降低体温。

正常情况下，土拨鼠的体温是37摄氏度；

当它们冬眠时，体温会降到5至8摄氏度。

在整个冬季，它们都会把自己紧紧地缩成一个球。

大雪纷飞，北风呼啸……

它们将在樱花盛开的时节重返自然。

蝙蝠

冬眠动物躲在地穴中、树叶堆下，
或者岩洞深处，
它们的心跳放慢了。

蝙蝠的心跳从每分钟大约500次，
降到了每分钟最多12次。

蝾螈

它们的呼吸也变慢了。

屏气的冠军非刺猬莫属：

哪怕一个小时不呼吸，也没有问题！

冬眠的动物不会做梦。

它们的大脑没有任何活动的迹象，

就像陷入了昏迷，

我们一般称之为麻痹状态。

日子就这样一天一天地过去……

不过，这种状态并不会一直持续。

动物们常常会苏醒一小段时间，

在地穴里稍稍活动一下，借机排泄，

有的动物还会嚼一嚼麦粒。

做完这些，它们也快筋疲力尽了，便重新回到了麻痹状态。

冬眠的动物时不时醒来，是为了能够——睡个好觉！

睡鼠

有人以为熊是一种冬眠动物。

当冬天到来时，它们确实会回到自己的窝里，

但注意，它们可没有完全睡着！

它们的身体功能没有发生变化，

这些改变对于大型动物来说，太难了。

棕熊

虽然不进入麻痹状态，但它们的生活节奏放慢了。

打打盹儿，但常常醒来，

甚至还能产下熊崽。

所以，和獾、浣熊一样，

熊是半冬眠动物。

獾（huān）在自己的地洞里过冬，

而浣（huàn）熊把住所选在树上。

等天气好的时候，它们还会出来活动一下。

河狸会把更多的时间花在休息上。

这样一来，它们搭建的精致小窝就会派上用场。

獾

其实，不只是哺乳动物会冬眠，
一种叫夜鹰的鸟儿也会在巢里缩成一团以度过冬天。

在冰冷的北冰洋中，
还有一种会冬眠的鱼。

夜鹰

陆蛙

青蛙、蜥蜴、蝾螈、
乌龟、蜗牛、蛇是冷血动物，
　　它们也停止了一切活动。

有的冷血动物会把身体完全冻成冰，
　　比如生活在加拿大森林里的陆蛙，
任由寒冰把自己包围，直到温暖的季节到来！

乌龟把自己埋在地下，青蛙躲到淤泥里。

蛇会爬进岩缝中将自己盘起来。

蝾螈消失在潮湿的山洞或者水潭中。

勃艮第蜗牛会在土里挖一个小小的洞，

还用分泌物做一个大塞子，封住壳口，

只供少量氧气通过。

不过，它们不必再为躲避捕食者而担惊受怕，

因为刺猬也得冬眠！

蛇

龟

雪融化了，

天气温暖了些，青草开始生长。

乌龟顶着它的壳，拍了拍脚掌上的泥土，

用还在发麻的腿走了几步。

青蛙从淤泥中探出一双眼睛。

蝙蝠成群结队地从山洞岩壁上飞下来。

青蛙

蜗牛

睡鼠

林睡鼠

地松鼠

动物们的体温回升了，
身体的活力也回来了。

几个月过去，
身体的能量也耗尽了。
消瘦了许多的越冬者们，
享用着一场春日的大餐！

冬眠的动物

对于无法像鸟儿一样迁徙的动物来说，冬眠是冬季的一种生存策略。

活着，就必须不断地消耗能量，以维持机体的生命机能，例如呼吸、心脏搏动、大脑活动、消化等。这些能量来源于食物，并通过一系列分子反应转化而来，也就是新陈代谢。

当外界的气温降低到零摄氏度以下时，动物们需要消耗更多的能量，才能将体温维持在37摄氏度。这就需要更多的食物，但这个时候已经没有能放进嘴里的东西了！于是，冬眠动物的体温会降低到5~8摄氏度。同时，心脏跳动频率和呼吸节奏也明显慢了下来。营养物质仍然是必须的，但只能从温暖的季节里攒下的脂肪中获取。动物的新陈代谢也完全改变了，目的只有一个：最大限度地节省能量。

冬眠动物的大脑活动与昏迷状态类似。2003年，一些研究者在这一领域有了惊人的发现。在观察某种小型啮齿动物冬眠的大脑时，研究者发现，这些大脑与患阿尔茨海默症晚期的人类大脑有许多相似的特征。因此，研究这些动物如何在冬眠后恢复正常机能，也是一条可能攻克这种疾病的途径。

此外，冬眠动物还有许多生命的秘密有待我们挖掘。比如我们知道，它们的冬眠状态时常会被一些短暂的苏醒打断，此时动物的新陈代谢也会恢复正常。这种消耗大量能量的苏醒为何存在？有人认为这是为了防止机体的永久性衰退，让"小小工厂"不要彻底失去运转的能力。

还有，销声匿迹的冬眠者们如何知道重回户外的时机已经到来？对于它们体内生物钟的运作方式，我们还未完全明了。

冬眠可不是临时的决定！对于那些需要自己建造冬眠寓所的动物，更是如此。它们要在里面住上五个月之久，一些动物在地底挖洞穴和地道，另一些搜寻合适的天然避风港。与此同时，它们还要大量储备脂肪，也就是说，得不停地吃东西。

半冬眠和冬眠有所不同。比如熊，它们也得过冬，但它们并不冬眠。它们的生命机能并没有从根本上发生变化，只不过，它们采取了较为缓慢的生活方式。它们增加睡眠时间，减少进食和走动；如果哪天天气不错，它们也可能会从窝里出来。

关于动物冬眠的研究，引起了很多人的兴趣。要是能够像冬眠动物那样，随心所欲地控制新陈代谢，将会给人类的高难度外科手术带来诸多便利。我们甚至可以想象，如果在浩瀚星河的长途旅行中，彻底掌握了冬眠的机制，征服宇宙或许会更加容易。

要完成这些设想，我们仍然需要不懈地探索这些动物的生命奥秘……